# Wie untersuche ich Harn mit einfachsten Mitteln?

## Praktische Anleitung von Georg Schilling

### Chemiker und Privatlehrer

#### aus Zwickau in Sachsen 1941.

Georg Schilling war Privatlehrer und Chemiker

Vater, Großvater und Urgroßvater

von mehreren Enkel und Urenkel, von denen ich eine Urenkelin bin.

Um an seine Veröffentlichung aus dem Jahr 1941 zu erinnern, möchte ich diese einzigartige Anleitung, welche mir im Original vorliegt für Interessenten der Chemie als eBook und Broschüre zur Verfügung stellen.

Das Buch ist in altdeutscher, aber für jeden lesbare Schrift geschrieben.
Ich hoffe ihr habt etwas Spaß an der Anleitung, welche nun über 80 Jahre alt ist.

Das Buch bzw. die Seiten wurden von Hand
digitalisiert und können von daher etwas von der Norm abweichen,
was aber sicher nicht groß störend ist. Und nun... viel Spaß.

# Inhaltsverzeichnis.

|  | Seite |
|---|---|
| Alphabetisches Stichwortverzeichnis | 4 |
| Vorwort | 5 |
| Der Harn | 7 |
| Eiweiß | 8 |
| Zucker | 12 |
| Azeton | 19 |
| Dichte | 20 |
| Menge | 21 |
| Farbe | 21 |
| Eiter | 22 |
| Blut | 23 |
| Gallenfarbstoffe | 28 |
| Urobilin | 28 |
| Indikan | 29 |
| Harnsäure | 30 |
| Reaktion | 32 |
| Apparate und Reagentien | 33 |
| Anhang: **Die Mikroskopie des Harns** | |
| Allgemeines | 36 |
| Mikroskopische Technik | 38 |
| Spezieller Teil | 41 |
| A. Nicht organisierte Formelemente | 41 |
|   1. Urate | 42 |
|   2. Harnsäure | 45 |
|   3. Kalziumoxalat | 46 |
|   4. Phosphate | 47 |
|   5. Kalziumkarbonat | 49 |
|   6. Tyrosin, Leuzin | 50 |
|   7. Zystin | 52 |

B. Organisierte Formelemente . . . . 53
   1. Epithelien . . . . . . . . . 56
   2. Leukozyten . . . . . . . . 57
   3. Erythrozyten . . . . . . . . 59
   4 Harnzylinder . . . . . . . . 60
Methode zur Identifizierung einer
   Flüssigkeit als Harn . . . . . . 63
Mikrochemische Reaktionen (Übersichts-
   tafel) . . . . . . Umschlagseite 3

## Stichwortverzeichnis.

|   | Seite |
|---|---|
| Allgemeines | 7 |
| Apparate | 33 |
| Azeton | 19 |
| Blut | 23 |
| Blut im Stuhl | 29 |
| Dichte des Harns | 20 |
| Eiweiß | 8 |
| Eiweißharn, künstlicher | 11 |
| Farbe des Harns | 21 |
| Gallenfarbstoffe | 28 |
| Gärungssaccharometer | 13 |
| Harn | 7 |
| Harntrübungen | 8 |
| Harnsäure | 30 |
| Indikan | 29 |
| Murexidprobe | 30 |
| Nylanderprobe | 13 |
| Phosphate | 10 |
| Reagentien | 33 |
| Reaktion | 32 |
| Salze = Harnsäure | 8 |
| Spezifisches Gewicht | 20 |
| Urate | 8 |
| Urobilin | 28 |
| Wasserstoffsuperoxydprobe | 24 |
| Zucker | 12 |
| Zuckerharn, künstlicher | 16 |
| Zuckermenge | 16 |

## Vorwort.

Einem Laien eine Anleitung zur chemischen Harnuntersuchung geben zu wollen, wird manchem gewagt erscheinen, und man wird meinen, ohne das dem Fachmann zur Verfügung stehende wissenschaftliche Rüstzeug keinerlei, auch nur halbwegs brauchbare Ergebnisse erzielen zu können. Dem ist jedoch nicht so. Entgegen solcher weitverbreiteten Ansicht lassen sich gerade die für **praktische Bedürfnisse wichtigsten Untersuchungen** unschwer und mit einfachen Hilfsmitteln ausführen.

Ganz abgesehen davon, daß es für die naturwissenschaftlich interessierten Leser dieser Lehrbüchersammlung, besonders für die Freunde der Chemie, von besonderem Reiz sein dürfte, sich auch einmal auf einem Gebiete der „angewandten Chemie" zu betätigen, gewährt diese Betätigung auch praktischen Nutzen; sie kann unter Umständen sogar für Leben und Gesundheit eines Menschen hochbedeutsam werden. Wenn man nämlich erwägt, daß gerade manche der sich langsam entwickelnden und nur allmählich fortschreitenden gefährlichen Krankheiten (z. B. Zuckerharnruhr und Nierenkrankheiten) im Harn weit früher erkannt werden können als es auf sonst eine Weise möglich ist, kann man über den praktischen Wert einer Harnuntersuchung nicht mehr im Zweifel sein. Je früher eine Krankheit erkannt wird, um so früher können geeignete Gegenmaßnahmen getroffen werden und um so sicherer und rascher läßt sich damit naturgemäß eine Heilung erzielen. Daß in gegebenen Fällen ein Arzt zu Rate zu ziehen ist, ist selbstverständlich, denn der Laie vermag natürlich keineswegs die Harnbefunde richtig zu deuten. Hierzu kann und will die vorliegende Anleitung, obwohl sie dem Leser diagnostische Hinweise bietet, auch gar nicht dienen; vielmehr soll er feststellen lernen, ob der Harn praktisch wesentlichere Abweichungen von der Norm aufweist und welcher Art diese sind. Sofern die Befunde auf eine ernstere Erkrankung deuten, wird man sich natürlich im eigensten Interesse an den ärztlichen Berater wenden. Ausdrücklich betont sei aber, daß trotz einer etwa festgestellten bedenklicher erscheinenden Abweichung durchaus nicht immer auch ernstere Bedenken oder Befürchtungen begründet sein müßten. Darüber vermag nur der Fachmann zu entscheiden. Z. B. kann sich gelegentlich einmal Eiweiß im Harn vorfinden. Nun ist „Eiweiß im Harn" bekanntlich ein alarmierender Befund. Trotzdem braucht aber keineswegs in **jedem** solchen Falle eine Krankheit vorzuliegen. „Eiweiß im Harn" kann ein pathologisches als auch lediglich ein physiologisches Vorkommnis bedeuten. Das bedenke der Laienanalytiker stets, wenn er im Harn einmal Eiweiß entdeckt. Also, **nicht voreilige Besorgnis ist am Platze — stets aber Vorsicht, darum bei auffallenden Befunden den Arzt befragen!**

Verfasser hat sich bemüht, die Anleitung leichtverständlich zu schreiben. Es wurden daher auch alle wissenschaftlichen Erörterungen beiseite gelassen. Ernsthafte Interessenten werden sich nach Durcharbeitung dieser Anleitung auch in schwierigeren Fachbüchern gewiß leichter zurechtfinden und auch nach anderen Untersuchungsmethoden arbeiten lernen.

**Um die nötige Sicherheit im Untersuchen zu erlangen,** so daß man den gewonnenen Untersuchungsergebnissen nicht selbst mit Zweifeln und Mißtrauen gegenüber zu stehen braucht, **empfiehlt es sich** jedoch, **sich nur an eine,** gegebenenfalls **zwei Methoden, in die man sich besonders gut eingeübt hat, zu halten** und nicht nach verschiedenen zu arbeiten.

## Allgemeines.

**Der Harn.**\* Alle beim Stoffwechselprozeß unbrauchbar gewordenen Stoffe müssen aus dem Körper ausgeschieden werden, weil sonst ein Weiterleben bald unmöglich gemacht würde (Autointoxikation—Selbstvergiftung). In gelöstem Zustande gibt das Blut die Abfallstoffe an die Nieren ab, und diese sondern sie mit dem der Ernährung entstammenden Wasser durch die Harnwege ab. Man

---

S. auch M.-B. Nr. 784 S. 25 ff.

kennt heute die Abfallstoffe sehr genau und hat auch festgestellt, in welcher Menge sie normalerweise täglich ausgeschieden werden. Alle Abweichungen von der Norm (sowohl hinsichtlich **Art** als auch **Menge** der sich im Harn findenden Bestandteile) deuten auf eine Störung im Stoffwechselvorgang bzw. auf eine Erkrankung der Harnorgane hin.

**Nicht** dürfen normalerweise im Harn nachzuweisen sein: **Eiweiß, Zucker, Azeton, Gallenfarbstoff, Urobilin, Indikan, Eiter, Blut.** Wie aber oben schon angedeutet, kann gelegentliches, vereinzeltes Vorkommen des einen oder anderen anormalen Harnbestandteiles (z. B. Eiweiß, Zucker, Indikan) auch einmal physiologisch begründet, also als harmlos zu bewerten sein.

### Praktischer Teil.

**Eiweiß:** Nicht selten findet sich morgens im Nachtgeschirr ein trüber, dicklicher oder wolkiger Harn vor, der außerdem noch einen mehr oder minder reichlichen, fest am Gefäß anhaftenden Bodensatz (Sediment) aufweist. Der Laie wird dadurch oft genug in Angst und Schrecken versetzt und glaubt wohl gar, daß Eiweiß Ursache dieser Trübung sei. Gewöhnlich handelt es sich aber nur um gänzlich harmlose **harnsaure Salze (Urate),** die nach dem Abkühlen des Harns „ausgefallen" sind. Es können allerdings auch andere Bestandteile in Frage kommen, was insbesondere dann zu vermuten ist, wenn sich ein Harn auffallend rasch nach dem Entleeren trübt, oder wenn solcher bereits trüb entleert wird. In beiden Fällen dürfte es sich höchstwahrscheinlich um einen krankhaften Vorgang im Organismus handeln.

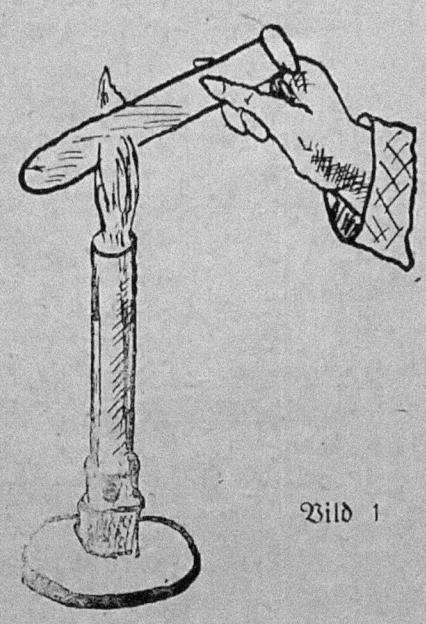

Bild 1

Ob nun harmlose Urate Ursache der Harntrübung sind oder ob andere Bestandteile in Frage kommen, können wir leicht feststellen. Zu diesem Zwecke füllen wir ein Probiergläschen zu etwa einem Drittel mit dem verdächtigen Harn, nachdem wir diesen vorher im Sammelgefäß erst mit einem Holzstabe durcheinandergerührt haben, damit wir auch von dem Bodensatz etwas ins Gläschen bekommen. Sodann erwärmen wir unsere Probe über einer Spiritus- oder Gasflamme (siehe Bild 1). Wird der Harn hierbei klar, dann waren nur die harnsauren Salze Ursache der Trübung und des Bodensatzes; bleibt er trotz Erhitzens jedoch trübe oder trübt er sich noch stärker, dann muß auf die Anwesenheit anderer Bestandteile geschlossen werden. Wir erhitzen also den Harn weiter bis zum Kochen (wenden vorsichtshalber aber die Öffnung des Gläschens von uns ab). Mitunter trübt sich hierbei auch vorher klar gewesener Harn (weißliche Trübung). Dem kochenden Harn fügen wir jetzt, gleichviel ob er vor dem Kochen klar oder bereits trüb gewesen und trotz des Kochens trübe geblieben ist, etliche Tropfen starken Essig (oder 10prozentige Essigsäure) zu. Wird der Harn nunmehr **klar**, hatten **Phosphate**, bleibt er **trübe**, bzw. fallen kleine Flöckchen aus, hatte **Eiweiß** die Trübung des Harns verursacht.

Im allgemeinen hat das Vorkommen von Posphaten nichts zu besagen. Vermehrte Phosphatausscheidung finden wir vielfach bei Neurasthenikern, sie kommt aber auch bei manchen anderen Erkrankungen vor.

**Andauerndes** Auftreten von Eiweiß im Harn läßt auf eine Erkrankung der Nieren schließen. Bei solchem Befunde ist der Arzt zu befragen. (Die Menge des ausgeschiedenen Eiweißes ist keineswegs immer für die Schwere der Erkrankung maßgebend, es können also auch geringere Ausscheidungen, vorausgesetzt, daß sie eben nicht nur vorübergehend auftreten, eine ernstere Veränderung des Nierengewebes anzeigen. Allerdings können auch Blasenkatarrhe oder Katarrhe der übrigen Harnwege zu mehr oder weniger reichlicher Eiweißausscheidung Veranlassung sein).

Die Untersuchung auf Eiweiß ist also zweifelsohne von besonderer Bedeutung. Deshalb muß sich der Anfänger, um die nötige Sicherheit in der Feststellung dieses anormalen Bestandteiles zu gewinnen, ganz besonders im Untersuchen von Eiweißharnen üben. Diese stehen dem Laien natürlich nicht zu jeder Zeit zur Verfügung. Das braucht seinem Lerneifer aber durchaus keinen Abbruch zu tun. Er kann dem Mangel an geeignetem Untersuchungsmaterial sehr leicht durch Herstellung eines **künstlichen Eiweißharnes** abhelfen: Zu dem „Weißen" eines Eies werden 100 g Wasser gegeben, das Gemenge mäßig geschüttelt und durch doppelt zusammengelegte Gaze filtriert. Damit sich diese Eiweißlösung länger hält, werden ihr noch einige Tropfen Chloroform zugefügt. Das Aufbewahrungsgefäß (Medizinflasche) ist gut verschlossen zu halten. — Von dieser Flüssigkeit geben wir zu etwa 10 Kubikzentimeter des zu untersuchenden gesunden Harns zunächst 10 Tropfen und untersuchen in oben angegebener Weise. Dasselbe tue man sodann mit fünf, zwei und schließlich mit einem Tropfen Eiweißlösung versetzten Harns. Man vergleiche die vier Proben miteinander in bezug auf Trübung, Größe der ausgefallenen Flöckchen und Sedimentbildung. Diese Untersuchungen wiederholen wir so oft und so lange, bis wir mit Sicherheit auch geringen Eiweißgehalt feststellen gelernt haben.

**Zucker:** Die ersten Anzeichen der Zuckerkrankheit (Diabetes mellitus) sind vielfach erhöhtes Durstgefühl und Mattigkeit. Diesen sich nur langsam einschleichenden Erscheinungen wird gewöhnlich keine besondere Aufmerksamkeit geschenkt, noch viel weniger werden sie auf eine Stoffwechselerkrankung bezogen. Erst später auftretende Symptome (Krankheitsanzeigen): Abmagerung, Furunkelbildung und stark vermehrte Harnabsonderung rufen den Verdacht auf diese besonders für Personen unter 30 Jahren bedenkliche Stoffwechselerkrankung hervor. Bemerkt werden muß aber, daß die geschilderten Symptome ebenfalls bei anderen Erkrankungen auftreten können, also durchaus nicht eindeutig sind. Mit Bestimmtheit aber und weit früher als an sonstigen später auftretenden Begleiterscheinungen der Zuckerkrankheit kann man diese im Verhalten des Harns erkennen. Je zeitiger sie erkannt wird, um so größer sind natürlich die Heilungsaussichten, weshalb auch beim leisesten Verdacht auf diese Stoffwechselkrankheit — besser noch auch ohne Verdachtsgründe von Zeit zu Zeit — eine Harnuntersuchung vorgenommen werden sollte.

Zur Prüfung auf Zucker ist aber nicht, wie vielfach üblich, der Frühharn zu verwenden, weil bei leichteren Fällen von Zuckerkrankheit in diesem nicht selten kein Zucker nachzuweisen ist. Geeignet ist der Mittagsharn und für die Bestimmung der innerhalb 24 Stunden ausgeschiedenen Zuckermenge eine Probe des während eines Tages (24 Stunden) entleerten und gesammelten Harns. —

Um festzustellen, ob der Harn überhaupt Zucker enthält, füllen wir wieder ein Reagensgläschen bis zu einem Drittel mit dem Untersuchungsharn, fügen sodann 25 bis 30 Tropfen **Nylander-Reagens** (in jeder Apotheke erhältlich) zu und kochen das Gemisch unter bekannten Vorsichtsmaßregeln (!) über einer Flamme. Ist Zucker vorhanden, dann färbt sich das Gemisch — je nach Menge des vorhandenen Zuckers — braun bis schwarz.

Zur Feststellung des **Zuckergehaltes** (der Prozente) findet ein sogenanntes Gärungssacharometer Verwendung. Für den Laien kommt das einfache **Sacharometer nach Einhorn** in Betracht. Da jedem dieser einfachen

und billigen Apparate eine genaue Gebrauchs-
anweisung beigegeben wird, erübrigt es sich,
an dieser Stelle auf die Anwendung dieses

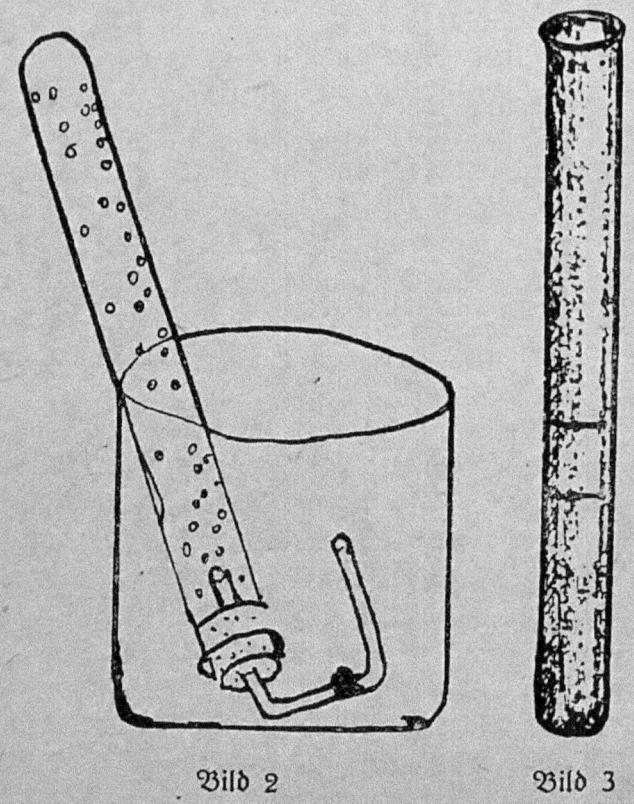

Bild 2         Bild 3

Sacharometers weiter einzugehen. Wir können uns aber auch selbst mit einfachen Hilfsmitteln einen ähnlichen Apparat zusammen-
stellen, der eine annähernde Schätzung des im
Harn enthaltenen Zuckers ermöglicht:

Ein etwa 12 cm langes Glasröhrchen von ungefähr 5 bis 6 mm lichter Weite biegen wir U-förmig\* (Schenkel etwa 4 cm lang). Das Röhrchen stecken wir durch einen durchbohrten Kork und setzen diese Vorrichtung nach Beschicken des noch erforderlichen Reagensglases mit dem mit Hefe versetzten Harn auf dieses dichtschließend auf. Die Abbildung 2 erklärt die Zusammenstellung des Apparates ohne weiteres.

Nachdem wir die Apparatur beisammen haben, füllen wir das Reagensgläschen halb voll mit dem zu untersuchenden Harn, geben ein knapp haselnußgroßes Stückchen Preßhefe hinzu und verteilen diese durch kräftiges Schütteln (die Öffnung hierbei mit dem Daumen verschließend) nach Möglichkeit. Sodann füllen wir das Gläschen mit dem Harn vollends (bis zum Rande) auf, kehren das Ganze noch ein paarmal um (Öffnung natürlich wieder zuhalten!) und setzen den Kork mit dem U-Röhrchen fest auf. Nunmehr wird der Apparat umgekehrt in ein Glas gestellt und die ganze Vorrichtung bei Zimmerwärme an einem ruhigen Ort 20 bis 24 Stunden stehengelassen. Ist Zucker zugegen, dann wird die Flüssigkeit aus dem Apparat durch das sich in diesem Falle entwickelnde Gas (Kohlensäure) verdrängt. Je

---

\* Über Glasbiegen usw. siehe Min.-Bibl. Nr. 156/57 „Prakt. Wegweiser für häusliche chemische Versuche".

nach der im Harn enthaltenen Zuckermenge tritt mehr oder weniger Flüssigkeit aus.

Die ungefähre Zuckermenge im Harn läßt sich auch auf folgende noch einfachere Methode schätzen. Zu Vergleichsbestimmungen ist dieses Verfahren ebenfalls gut brauchbar.

Man bringe sechs Zentimeter über dem Boden eines Reagensglases einen Strich mit Tinte an und einen weiteren einundeinhalb Zentimeter höher (s. Bild 3). Bis zum untersten Strich füllt man das Gläschen mit Sammelharn (das ist die innerhalb 24 Stunden entleerte und gesammelte Harnmenge) an und gieße bis zum oberen Strich 20prozentige Kalilauge (in jeder Apotheke erhältlich) auf. Das Gemisch wird vorsichtig bis zum Kochen erhitzt. Je nach dem vorhandenen Zuckergehalt färbt sich hierbei der Harn tiefgelb bis braunschwarz, und zwar bei einem Zuckergehalt von

    0,5—1 % . . . tiefgelb
    1—2 % . . . hellbraun
    2—3 % . . . kastanienbraun
    4 % . . . tiefrotbraun
    5 % und mehr braunschwarz bis schwarz.

Um die nötige Sicherheit im Untersuchen des Harns auf Zucker erlangen und sich darin hinreichend üben zu können, stellt man sich k ü n st l i c h e n Zuckerharn her. Man löse zu diesem Zweck 10 Gramm Traubenzucker in

100 Kubikzentimeter Wasser. Von dieser Lösung gebe man 20 Tropfen zu etwa 10 Kubikzentimeter Harn und untersuche nach oben angeführten Methoden auf Zucker. (20 Tropfen unserer Zuckerlösung auf 10 Kubikzentimeter Harn entsprechen einem Zuckerharn mit 1 Prozent Zuckergehalt). Indem man entsprechend mehr oder weniger Tropfen der Traubenzuckerlösung zu 10 Kubikzentimeter Harn hinzufügt, kann man sich Harne von ganz bestimmtem Zuckergehalt herstellen und an diesen den Ausfall der Reaktion\* und die Stärke der Kohlensäureentwicklung im Sacharometer studieren.

10 Kubikzentimeter Harn entsprechen:

| Traubenzuckerlösung | Zuckerharn von |
|---|---|
| 2 Tropfen | 0,1 % |
| 5 ,, | 0,25 % |
| 10 ,, | 0,5 % |
| 20 ,, | 1 % |
| 40 ,, | 2 % |
| 60 ,, | 3 % |
| 80 ,, | 4 % |
| 100 ,, | 5 % |

usw. Zuckergehalt.

---

\* Reaktion. Unter Reaktion versteht man das gegenseitige Aufeinanderwirken von verschiedenen Stoffen. Versetzt man einen Stoff bzw. dessen Lösung (z. B. Harn) mit Reagentien (z. B. Kalilauge), so bilden sich entweder unlösliche Verbindungen, die als Niederschlag zu Boden fallen (z. B. Erdphosphate), oder sie verändern ihre Farbe (zuckerhaltiger Harn wird durch Kalilaugezusatz dunkel gefärbt), den

Für die Bedürfnisse des Laien reichen die genannten Proben hinreichend aus. Da sich die Zuckerkrankheit natürlich ebensowenig zur Selbstbehandlung eignet wie jede ernsthaftere Erkrankung überhaupt, der Zuckerkranke sich vielmehr und unbedingt in ärztliche Behandlung zu begeben hat, wird die genaue ausgeschiedene tägliche Zuckermenge vom Arzte ohnehin festgestellt. Erwähnt sei nur noch, daß übrigens die gefundenen Prozente Zucker allein nicht allzuviel besagen, wenn man nicht gleichzeitig auch die tägliche Gesamtharnmenge berücksichtigt. Man muß also sowohl die 24-Stunden-Harnmenge als auch die Anzahl der Prozente kennen.

Beispiel: Ausgeschieden wurden von früh 8 Uhr bis um früh 8 Uhr des darauffolgenden Tages 2500 Kubikzentimeter Harn. In diesem Harn wurden 1,2 % Zucker gefunden. D. h. in 100 g (oder Kubikzentimeter) Harn sind 1,2 g Zucker enthalten, in 1 Liter (also in 1000 g) demnach 12 g Zucker; in 2500 Kubikzentimeter: $2,5 \times 12 = 30$ g Zucker.

Ferner sei noch darauf hingewiesen, daß die Kalilaugenprobe wie auch die ersterwähnte Nylander-Reagensprobe unter Umständen auch einmal schwach p o s i t i v ausfallen, also Zucker anzeigen können, obwohl der Harn zucker f r e i sein kann. Das trifft

---

Geruch oder Geschmack. Man bezeichnet solche Veränderungen als Reaktionserscheinungen.

z. B. nach Gebrauch bestimmter Arzneimittel (Salol, Antipyrin, Senna, Trional, Sulfonal u. a. m.) zu. Um zu entscheiden, ob Zucker oder Medikamente den positiven Ausfall der Probe bedingten, untersuchen wir den Harn mit unserem selbstgebauten Gärungssacharometer oder mit dem etwa angeschafften Apparat nach Einhorn. Hat sich hier nach 1 Tage keine Kohlensäure entwickelt, dann war der Harn zuckerfrei und die Verfärbung war auf eingenommene Arzneien zurückzuführen.

Haben wir nun auf die eine oder andere Weise im Harn Zucker nachweisen können, dann ist der Harn noch auf **Azeton** zu prüfen. Dieser Bestandteil findet sich im Harn neben dem Zucker bei schwereren Fällen von Zuckerkrankheit vor. Verschwindet er wieder aus dem Harn, so ist das ein günstiges Zeichen. Auf etwas Zucker im Harn kommt es nämlich gar nicht einmal so sehr an, hingegen deutet das Vorkommen von Azeton eine Selbst- (Säure-) Vergiftung an. Nicht in jedem Falle besagt die Anwesenheit von Azeton im Harn, daß die Krankheit nun einen raschen Fortgang nehmen muß. Bei vielen Kranken konnten sehr lange Zeit hindurch (sogar jahrelang) Azetonkörper im Harn nachgewiesen werden, ohne daß sie bei diesen Kranken unangenehme Erscheinungen hervorriefen. Damit ist natürlich nicht gesagt, daß dem Vorkommen von Azeton keine besondere Aufmerksamkeit zu schenken wäre. Azeton findet sich im Harn übrigens auch noch häufig bei Fieber, Verdauungsstörungen und Infektionskrankheiten vor.

Zu seinem Nachweis löst man einige Kriställchen Nitroprussidnatrium (in Apotheken käuflich) in einem halben Teelöffelchen Wasser. Die Lösung darf nicht blaßrot aussehen, darum genügend Kristalle auflösen! Mit dem zu untersuchenden Harn fülle man ein Reagensgläschen zur Hälfte und gebe die Lösung zu, ebenso noch zwei Teelöffel 20prozentiger Kalilauge. Das Gemenge wird geschüttelt. Es hat sich jetzt kräftig rot gefärbt. Gießt man jetzt noch soviel wie ein Teelöffelchen Eisessig (oder Essigessenz) hinzu, dann bleibt die rote Färbung bestehen oder wird noch tiefer und dunkler, wenn A z e t o n z u g e g e n ist. Ist kein Azeton im Harn vorhanden, dann verschwindet das Rot sofort völlig. — Wegen der leichten Zersetzlichkeit der Azetonkörper ist die Probe nur mit f r i s c h e m H a r n beweisend.

Der Harn des Zuckerkranken sieht gewöhnlich blaß aus, auch scheidet der Kranke täglich größere Mengen aus (2, 3, 5 selbst 10 Liter und mitunter noch mehr je Tag). Trotzdem ist die **Dichte (spezifisches Gewicht)** hoch. Die Dichte eines Harns wird mittels einer Senkwage (Spezialname: Urometer) bestimmt. Sie beträgt normalerweise 1,018 bis 1,022; d. h. ein Liter Harn wiegt

1018 bis 1022 Gramm, während ein Liter Wasser (bei 4° C) bekanntlich 1000 Gramm wiegt. Zuckerharne können ein spezifisches Gewicht von 1,040 und mehr haben. „Je größer die Tagesharnmenge, um so niedriger das spezifische Gewicht, je geringer die Tagesharnmenge, um so höher das spezifische Gewicht." Von dieser sonst allgemein gültigen Regel macht der Zuckerharn eine Ausnahme. Sonst hat die Bestimmung des spezifischen Gewichts für den Laien keinen Wert. Mehr Interesse bringt er hingegen im allgemeinen der **Farbe** des Harns entgegen. Aber auch diese ist von allzu verschiedenen Umständen abhängig, als daß sich aus ihr für den Nichtfachmann leicht Schlüsse ziehen ließen. Aus diesem Grunde soll in dieser kleinen Anleitung auch nur kurz darauf eingegangen werden.

Farblos (blaß) ist der Harn bei Zuckerkrankheit, bei Blutarmut, nervösen Zuständen und nach reichlicher Flüssigkeitszufuhr; auch bei Nieren- und Blasenerkrankungen.

Milchig ist der Harn bei Nieren- und Blaseneiterung.

Braun, auch grünlichbraun (mit gelbem Schaum) ist der Harn bei Gelbsucht.

Dunkelgelb bis braunrötlich (auch ziegelrot) ist der Harn bei akuten fieberhaften Krankheiten (besonders bei Lungenentzündung, Gelenkrheumatismus).

Rot, auch rotbraun, rötlichgelb, oft mit grünlichem Schillern (meist sind solche Harne auch getrübt) ist der Harn bei Blutungen innerhalb der Harnwege und der Niere.

Medikamente können die Farbe des Harns ebenfalls beeinflussen (z. B. gelb bis rot bei Gebrauch von Antipyrin, Sulfonal; goldgelb nach innerem Gebrauch von Rheum, Senna usw.).

Besonders bedenklich kann das Vorkommen von **Blut** und **Eiter** im Harn sein. Das Aussehen bzw. die Farbe des Harns läßt jedoch keineswegs immer mit Sicherheit erkennen, ob der verdächtige Harn auch Eiter oder Blut enthält. Deshalb ist er auf diese Bestandteile noch besonders zu untersuchen.

Ein milchiger Harn ist stets eiterverdächtig. Jedoch können auch andere Bestandteile (z. B. Arzneien: Balsame, Harze) Eiter vortäuschen. Zur Klärung der Sachlage fülle man ein Reagensgläschen bis zu einem Drittel mit dem Harn. Nachdem man ihm noch zwei Teelöffel 20prozentige Kalilauge zugesetzt hat, koche man das Gemisch etwa fünf Minuten lang (Vorsicht! Mit Laugen versetzte Harne werden beim Kochen leicht aus dem Gläschen geschleudert). War Eiter zugegen, dann haben sich gelatinöse Gerinnsel gebildet. Um ganz sicher zu verfahren, füge man zu dem wiedererkalteten Gläscheninhalt noch soviel starken Spiritus (Brennspiritus), daß das Reagensglas bis zum Rande gefüllt ist. Das Ganze wird kräftig geschüttelt. Harze und Balsame lösen sich, während Eiter in mehr oder weniger kleinen Gerinnseln zu Boden sinkt.

Zum Nachweis von Eiter im Harn kann auch folgendes einfache Verfahren dienen: Man lasse eiterverdächtigen Harn in einem Glase absetzen; sodann gieße man vorsichtig einen Teil des darüberstehenden Harns fort und lasse den restlichen Inhalt des Glases durch ein Filter laufen. Zu dem im Filter zurückgebliebenen Bodensatz gebe man ein kleines Stückchen Ätznatron (Vorsicht! Nichts in das Auge bringen!) Wenn der Rückstand Eiter war, dann bildet sich nun eine grünlich gefärbte, fadenziehende, gelatinöse Masse. Schleim, der ebenfalls Eiter vortäuschen könnte, würde durch das Ätznatron gelöst werden.

Eiter im Harn läßt auf einen entzündlichen Prozeß an irgend einer Stelle der Harnwege schließen und muß als ernsteres Symptom aufgefaßt werden.

Bei Verdacht auf B l u t geben wir zu dem das Reagensglas bis zu einem Drittel füllenden Harn noch zwei Teelöffel 20prozentiger Kalilauge und kochen das Gemisch (Vorsicht!) ebenfalls etwa fünf Minuten lang. War Blut vorhanden, dann reißen die ausfallenden Erdphosphate die im Harn gelösten Blutfarbstoffe mit zu Boden, so daß sich dort ein rötlicher bis rotbrauner Bodensatz bildet. Am Boden des Glases kann man häufig auch einen sich von der Farbe des Bodensatzes deutlich abhebenden blutroten Fleck finden.

Eine andere Methode, die "Wasserstoffsuperoxydprobe", ist noch leichter durchführbar. Fügt man zu bluthaltigem Harn Wasserstoffsuperoxyd, dann bilden sich im Harn kleine Glasbläschen, die nach oben steigen und sich über der Harnoberfläche als "Schaumschicht" ansammeln. Besser als das gewöhnliche Wasserstoffsuperoxyd ist Perhydrol (d. i. eine 30prozentige Wasserstoffsuperoxydlösung), von dem man 3 Tropfen auf 10 ccm Harn gibt. Die Schaumschicht steigt — je nach dem Blutgehalt — mehr oder weniger hoch. Nicht immer sind geringere Mengen Blut im Harn ein ernstes Symptom, anders ist es, wenn sich im Stuhl Blut nachweisen läßt. Die Darmblutung hat als die wichtigste und häufigste Krankheitserscheinung bei Darmerkrankungen zu gelten. Je nach ihrer Stärke wird sie als "profuse" (starke) oder "okkulte" (minimale, schwache) bezeichnet. Bei profusen Blutungen wird das Aussehen des Stuhles verändert, so daß man ohne weiteres auf die Gegenwart von Blut schließen kann. Okkulte Blutungen hingegen beeinflussen den Stuhl farblich gar nicht, und der Blutnachweis kann nur mikroskopisch, spektroskopisch oder chemisch erbracht werden. Letzteres ist auch der Fall, wenn bei profusen Blutungen das Blut so verändert ist, daß es als solches mit bloßem Auge nicht wiedererkannt werden kann und Zweifel bestehen. Wie w i ch t i g aber der N a ch w e i s v o n B l u t i m S t u h l für die Erkennung von Krankheiten des Verdauungskanals ist, ergibt sich aus dem Ausspruch Nothnagels (bedeutender Arzt): „Wenn Blut im Stuhl auftritt unter Verhältnissen, die überhaupt an die Möglichkeit von Geschwüren (im Magen und Darm) denken lassen, so wird diese Erscheinung mit einer sehr großen Wahrscheinlichkeit für Geschwüre sprechen."

Aus diesem Grunde soll auch dem Laien an dieser Stelle eine verhältnismäßig einfache Methode bekanntgegeben werden, mittels deren er auch den Stuhl auf Blut untersuchen kann. Zuvor muß jedoch noch auf das Wissensnötigste über das Auftreten von Blut im Stuhl eingegangen werden.

Läßt sich im Stuhl das Blut ohne weiteres als solches erkennen, dann ist anzunehmen, daß es aus den unteren Darmpartien stammt (Dickdarm, Mastdarm). Nur bei starken Durchfällen kann aus den oberen Darmabschnitten stammendes Blut ebenfalls unverändert ausgeschieden werden, weil es dann gar nicht Zeit findet sich zu verändern (z. B. bei Ruhr, Typhus). Sonst nimmt das aus den oberen Darmabschnitten bzw. aus dem Magen herrührende Blut dunkle Färbung an, färbt also auch den Stuhl dunkel bis pechschwarz. Kann man also auch aus dem Aussehen des Stuhles Blut ver muten, so darf man das aber nicht immer behaupten. Auch die Nahrung kann diese verdächtige Färbung verursacht haben. Hat man Blut aber chemisch nachgewiesen, dann ist der Sitz der Blutung entweder im Magen oder im oberen Darmteil (Zwölffingerdarm) zu suchen. Ursache der Blutung dürfte höchstwahrscheinlich ein Geschwür sein. Erbricht der Kranke häufiger, dann ist auf ein Magengeschwür zu schließen; bei Geschwüren des Darmes tritt Erbrechen nur sehr selten auf. (Geschwüre kommen besonders bei jugendlichen Personen — etwa bis zum 35. Jahre — vor, später handelt es sich häufig, aber natürlich nicht immer, um ein Karzinom).

Es wurde bereits gesagt, daß die Blutung auch derart gering sein kann, daß das Aussehen des Stuhles überhaupt keinen Verdacht auf solche zuläßt. Sofern man in solchem Falle aus sonstigen Erscheinungen, wie z. B. fahle Gesichtsfarbe, Abmagerung, Appetitlosigkeit, Schmerzen nach dem Essen usw. auf irgendwelche Geschwürsbildung vermuten könnte, muß der Stuhl auf Blut untersucht werden. (Die geschilderten Beschwerden können allerdings auch auf anderen Ursachen beruhen. Um dies im Zwei=

felsfalle zu entscheiden, wird eben die Blutprobe ausgeführt).

Soll die Probe ein eindeutiges Ergebnis erzielen, dann muß sich der Patient vor der Untersuchung vier bis fünf Tage jeglicher blutfarbstoffhaltigen Nahrung enthalten.

Nicht genossen werden dürfen also Fleisch und alle Speisen, zu denen Fleisch oder Blut verwendet wurde, ferner kein Fisch und grünes Gemüse; auch dürfen hämoglobinhaltige Mittel, z. B. Hämatogen u. a., die etwa der „Blutbildung" dienen sollen, während dieser Zeit nicht genommen werden.

Blutprobe: Von dem am fünften oder sechsten Tag entleerten Stuhl wird eine erbsengroße Portion mit etwa 3 Teelöffel Wasser gut verrührt. Diese Mischung wird im Reagensglase aufgekocht und sodann zum Abkühlen beiseite gestellt. Mittlerweile wird in einem zweiten Reagensglas eine Messerspitze voll Benzidin-Merck (in der Apotheke erhältlich) in etwa drei bis vier Kubikzentimeter Eisessig aufgelöst. In einem dritten Reagensgläschen* werden 15 Tropfen dieser Lösung mit 45 Tropfen frischem (3prozentigem) Wasserstoffsuperoxyd gelöst (das in der Apotheke erhältliche Wasserstoffsuperoxyd ist 3prozentig). Wenn sich jetzt diese Mischung etwa grünlich färben sollte, dann waren die Gläser nicht sauber; also nur mit peinlich sauberen Gläsern ar-

---

* Dieses Gläschen vor dem Ansetzen der Lösung einmal mit wenig Eisessig ausspülen!

beiten und natürlich auch nur durchaus saubere Gläser für die Reagentien verwenden! Die Lösung darf sich nicht grünlich verfärben. In diese unverfärbte Lösung werden nun vier Tropfen der völlig abgekühlten Stuhlaufschwemmung gegeben. War Blut im Stuhl, dann nimmt die Lösung eine grüne bis grünblaue Farbe an.

Diese Probe ist sehr scharf. — Hat man nun Blut einwandfrei nachweisen können, dann versäume man keinesfalls nunmehr den Arzt aufzusuchen, wenn es bisher wegen der oft nur geringen Beschwerden noch nicht geschehen war. Es könnte sich, wenn Blut im Stuhl vorhanden war, um recht ernste Dinge handeln. Ob die Blutungen harmloser oder bedenklicher Natur sind, kann der Laie naturgemäß nicht unterscheiden; die Beschwerden sind kein Maßstab.

Von Interesse ist auch die Untersuchung auf **Gallenfarbstoffe.** Zum Nachweis der eigentlichen Farbstoffe genügt es nachzusehen, ob der beim Schütteln des Harns sich bildende Schaum g e l b gefärbt ist. Wichtiger jedoch ist die Untersuchung auf r e d u z i e r t e n Gallenfarbstoff, das U r o b i l i n. Zu dessen Nachweis füge man zunächst zu 20 ccm Harn (soviel wie vier Teelöffel), 2 ccm 10prozentige Kalziumchloridlösung (in der Apotheke erhältlich) und 2 ccm mit Wasser zur Hälfte verdünntes Ammoniak (Salmiakgeist). Es bildet sich ein Niederschlag, der abfiltriert wird. (In ein kleines Glastrichterchen wird ein Flöckchen Verbandwatte eingedrückt und die zu filtrierende Flüssigkeit in den Trichter eingegossen, nachdem zuvor ein sauberes Reagensgläschen untergestellt wurde, um das Filtrat aufzufangen). Zur Hälfte dieses Filtrats wird nunmehr die gleichgroße Menge alkoholischer Zinkazetatlösung (ebenfalls aus der Apotheke zu beziehen) zugegeben. Es ergibt sich eine trübe Mischung, die zu filtrieren ist. Wenn bei einmaligem Filtrieren noch kein völlig klares Filtrat gewonnen wurde, muß das Filtrat nochmals durch das Filter gegeben werden. Das klare Filtrat zeigt bei Anwesenheit von Urobilin eine **grüne** Fluoreszenz\*. Das Gläschen ist also nicht gegen das Licht zu halten, sondern bei auffallendem Licht (dunkler Hintergrund) zu betrachten.

Die Anwesenheit von Urobilin läßt auf eine Schädigung des Lebergewebes schließen. (Ursachen solcher Schädigungen können sein: Alkohol, Blei, Infektion u. a. Vergiftungen).

Bei gewissen Fäulnisprozessen im Dünndarm und bei Dünndarmverschluß (Geschwülste usw.) finden sich im Harn größere Mengen von **Indikan.** Die Indikanprobe

---

\* Fluoreszenz ist die Eigenschaft mancher Flüssigkeiten, im durchfallenden Licht eine andere Farbe zu zeigen als im auffallenden. Z. B. erscheint Petroleum im durchfallenden Licht gelblich, im auffallenden (reflektierten) blau.

wird wie folgt vorgenommen: Mit dem zu untersuchenden Harn füllen wir das Reagensglas bis zu etwa einem Viertel. Dazu fügen wir die gleiche Menge eines Salzsäure - Eisenchloridgemisches (auf 50 ccm rauchende Salzsäure kommen zehn Tropfen Eisenchloridlösung. Am besten läßt man sich das Reagens in der Apotheke anfertigen), schütteln das Ganze gut durch und fügen sodann einen knappen Teelöffel Chloroform zu. Nunmehr kehren wir das mit dem Finger verschlossene Glas — ohne zu schütteln — mehrmals (etwa 20 mal) um und stellen es dann aufrecht. Das infolge seines höheren spezifischen Gewichtes sich am Boden des Gläschens ansammelnde Chloroform ist bei Gegenwart von Indikan b l a u gefärbt. Nur **k r ä f t i g e r e** Färbung (leuchtend blau bis blauschwarz) ist für oben angeführte krankhafte Vorgänge beweisend. Jedenfalls wird man gut tun, bei Indikanbefund (besonders dann, wenn wiederholt Untersuchungen positiv ausfielen) den Arzt zu befragen. Der Laie vermag nicht zu entscheiden, ob das Vorkommen von Indikan auf gelegentliche harmlose Ursachen zurückgeführt werden kann, oder ob es auf ein ernsteres Leiden deutet. (Bei starken Fleischessern läßt sich ständig Indikan im Harn nachweisen).

Wenn auch dem **Harnsäurevorkommen** im Harn (normalerweise werden täglich zwischen 0,1 Gramm bis 1 Gramm ausgeschieden) kaum eine diagnostische Bedeutung zukommt, so mag ein interessanter Harnsäurenachweis doch nicht unerwähnt bleiben, da er zur Identifizierung einer Flüssigkeit als Harn (neben dem Harnstoff- und Koratininnachweis) dient. Wie bereits am Eingang dieser Anleitung (Eiweißnachweis) gesagt wurde, findet sich mitunter ein auf dem Boden des Harnauffanggefäßes befindlicher Bodensatz vor, der gewöhnlich aus harnsauren Salzen „Uraten" besteht. Sieht solcher Bodensatz rotbraun (Ziegelmehlfarben) aus, dann kann es sich um freie Harnsäure in Kristallform handeln. Unter dem Mikroskop ließen sich die Kriställchen als Harnsäurekristalle trefflich erkennen. Mittels der „Murexidprobe" gelingt der Nachweis der Harnsäure im Harn aber ebenfalls einwandfrei: Zu einer kleinen Menge des zu untersuchenden Harnsedimentes füge man 3 Tropfen Salpetersäure zu und dünstet (auf einem Porzellanschälchen) bis zur völligen Trockenheit ein. Man verfahre dabei aber vorsichtig, um das Sediment nicht zu „verbrennen". Der jetzt schon rötlich erscheinende Bodensatz wird, falls Harnsäure anwesend ist, purpurrot, sowie man einen Tropfen Ammoniak aufträufelt. Um sicher zu gehen, wiederholt man den Versuch noch einmal, gebe jetzt aber an Stelle des Ammoniaks einen Tropfen Kalilauge zu. Bei Gegenwart von Harnsäure erscheint der

Fleck blau. Beim Erwärmen nimmt die Färbung rasch wieder ab.

Anmerkung: Löst sich das Sediment, auch wenn es rotbraun aussieht, im Reagensgläschen im Harn vollständig wieder auf, dann handelte es sich nur um Urate. Harnsäure scheidet sich nur in stark saurem Harn in Kristallform ab. Um solche kristallinische Ausscheidung auch in wenig saurem Harn zu erzielen, gebe man zu etwa 100 ccm Harn 30 bis 50 Tropfen Salzsäure und lasse nach Umrühren das Gemisch 12 bis 24 Stunden stehen. Die sich dann abgeschiedenen Harnsäurekriställchen sammle man auf einem kleinen Filter und führe mit einem Teil die Murexidprobe aus.

**Reaktion** des Harns: Ob ein Harn sauer, alkalisch oder neutral reagiert, stellt man mit Lackmuspapier fest. Es gibt blaues und rotes Lackmuspapier. Taucht man einen Streifen blaues Lackmuspapier in den Harn und er verfärbt sich rot, dann reagiert der Harn sauer. Hingegen reagiert er alkalisch, wenn sich ein eingetauchtes Streifchen rotes Lackmuspapier im Harn blau färbt. Verändert weder rotes noch blaues Lackmuspapier im Harn seine Farbe, dann reagiert dieser neutral. Es gibt aber noch eine vierte Möglichkeit. Mitunter kann es nämlich vorkommen, daß sich in ein und demselben Harn sowohl der blaue Lackmuspapierstreifen rot, als auch der rote blau färbt. Diese Reaktion bezeichnet man als amphotere Reaktion. Normaler frisch entleerter Harn reagiert im allgemeinen schwach sauer. Bei reichlicher Pflanzenkost oft alkalisch. Pathologische alkalisch reagierende Harne sehen blaß aus, sind meist getrübt und riechen unangenehm ammoniakalisch (z. B. bei Blasenentzündung). Neutrale und amphotere Reaktion sind in diagnostischer Hinsicht belanglos.

## Apparate und Reagentien:

Zur Ausführung der Untersuchungen erforderlich sind:

- 6 Reagensgläschen,
- 1 Reagensglasbürstchen,
- 1 Glasröhrchen, lichte Weite etwa 6 mm, Länge 10 cm,
- 1 Glastrichterchen,
- 1 Spirituslampe,
- 1 Porzellanschälchen,
- 50 g Eisessig (Vorsicht, ätzt!),
- 50 g Nylander - Reagens (Flasche mit Gummistopfen od. doch mit paraffiniertem Kork),
- 50 g 20prozentige Kalilauge (Flasche mit Gummistopfen oder paraff. Kork, Vorsicht, wirkt ätzend!)
- 50 g Salzsäure - Eisenchloridlösung (Fl. mit Glasstopfen. Vorsicht!)

50 g kaltgesättigte alkoholische Zinkazetatlösung (Korkstopfen),
50 g Chloroform (braune Glasflasche mit gutschließendem Korkstopfen),
30 g Wasserstoffsuperoxyd (braune Glasflasche mit gutschließendem Kork),
50 g Salmiakgeist (Flasche mit Glasstopfen, Vorsicht!),
30 g 10prozentige Kalziumchloridlösung,
10 g Nitroprussidnatrium, kristallisiert (trocken halten! Am besten in gut schließendem Pulverfläschchen aufbewahren),
10 g Benzidin (gut vor Luft geschützt und trocken aufbewahren! Pulverfläschchen mit gut passend. paraff. Kork),
30 g Salpetersäure (Vorsicht! wirkt ätzend in braunem Glase mit Glasstopfen aufbewahren),
1 Bogen Filtrierpapier,
1 Heftchen blaues Lackmuspapier,
1 Heftchen rotes Lackmuspapier.

Man gewöhne sich daran, nach beendeter Arbeit die Apparate sofort zu reinigen und und sie nebst den Reagentien in einem Schränkchen sicher zu verwahren. Jede Flasche versehe man mit genauer Angabe des Inhalts.

Hat man durch Unvorsichtigkeit Säure auf Haut oder Kleidung gebracht, so tupfe man zunächst gut mit Wasser ab (Hände unter fließendem Wasser abspülen), sodann mehr=

mals mit Salmiakgeist und am Schlusse wieder wiederholt mit Wasser. Bei Bespritzen mit Lauge (auch Nylander-Reagens) wasche man die Stelle mit Essig oder verdünntem Eisessig (10 ccm Eisessig auf 100 ccm Wasser) und zuletzt mit Wasser.

# Die Mikroskopie des Harns.

## Allgemeines.

Nächst der **chemischen** Untersuchung des Harns dient noch die **mikroskopische** und **mikrochemische** Harnanalyse zur Erkennung von Krankheiten und Beurteilung von Stoffwechselvorgängen.

Entgegen vielverbreiteter Meinung bietet die mikroskopische Untersuchung des Harns im allgemeinen weit weniger technische Schwierigkeiten als die Untersuchung anderer Objekte.

Wollten wir freilich einfach einen Tropfen Harn auf den Objektträger bringen, dann würden wir in den meisten Fällen wahrscheinlich nichts sehen. Der normale Harn enthält nämlich nur äußerst wenige feste Bestandteile, und selbst im krankhaften finden wir sog. „Formelemente" nur seltener derart stark vertreten vor, daß jeder beliebige Tropfen Harn hinreichende Ausbeute für eine Untersuchung böte. Aus diesem Grunde wird auch nicht der Harn als solcher, sondern sein Bodensatz, sein „Sediment" untersucht.

Jeder Harn setzt nach längerem Stehen die in ihm schwebenden festen Bestandteile, die sich zum Teil auch erst nach dem Erkalten oder nach längerem Stehen ausscheiden, mehr oder minder reichlich ab. Im Harn (auch im gesunden) bildet sich nach etlicher Zeit über dem Boden des Gefäßes eine Trübung, ein „Wölkchen", die sog. „Nubecula", die sich später völlig zu Boden senkt. Krankhafte Harne setzen infolge des reichlicheren Gehaltes an Formelementen weit früher ein mehr oder minder beträchtliches Sediment von verschiedener Färbung und Beschaffenheit ab. Konzentrierte Harne (Frühharn) ergeben ein reichlicheres Sediment, das Sedimentum lateritium, ohne daß deshalb ein krankhafter Zustand vorliegen müßte.

Das Sediment setzt sich aus verschiedenen Formelementen zusammen. Man unterscheidet zwischen **organisierten** und **nichtorganisierten Formelementen.**

Zu den **organisierten** Formelementen gehören: **Epithelien** (das sind Zellen der die Harnwege auskleidenden Schleimhäute und der Harnorgane); **Erythrozyten** (rote Blutkörperchen); **Leukozyten** (weiße Blutkörperchen, auch Eiterkörperchen); **Harnzylinder; Zylindroide** (Pseudozylinder); **Fett; Muzin** (Schleim); **Urethralfäden; Spermatozoen** (Samenfäden); **Parasiten** und **-eier; Bakterien.**

Zu den **nichtorganisierten** Formelementen, welche kristallinisch oder amorph (gestaltlos) auftreten, gehören: **Harnsaure Salze** (in der

Medizin „Urate" genannt); Harnsäure; Phosphate; Karbonate; Kalziumoxalat; Zystin; Cholesterin; Xanthin; Thyrosin; Leuzin u. a. m.

## Mikroskopische Technik.

Zur Gewinnung des Untersuchungsmaterials lasse man den Harn in einem sog. „Spitzkelch" (Abb. 1) längere Zeit — 16 bis 24 Stunden — an einem erschütterungsfreien, möglichst kühlen Ort ruhig stehen (Gefäß bedecken!). Von dem sich im unteren zugespitzten Teil des Kelches befindlichen Sediment gießt man vorsichtig die darüber stehende Flüssigkeit soweit wie möglich ab, ohne jedoch dabei Sediment verloren gehen zu lassen. Mittels einer Pipette wird ein Tropfen des umgerührten Sediments zur Untersuchung entnommen und auf einen Objektträger gebracht. Mit einem Deckglase, das nur **leicht** aufgedrückt wird, um etwaige Harnkristalle nicht zu beschädigen, wird der Tropfen bedeckt. Es darf nichts oder doch nur **ganz wenig** Flüssigkeit unter dem Deckglase hervorquellen, andernfalls war der Tropfen eben zu groß. Der Überfluß ist vorsichtig mit Fließpapier abzusaugen. Das Absaugen bleibt aber nur Notbehelf. Meist gehen dabei feinere Elemente verloren, weshalb es besser ist, ein neues Präparat anzufertigen. Die richtige Tropfengröße wird man bald abschätzen lernen.

Die Gewinnung des Sedimentes mittels Sediermentierkelches hat freilich etliche Nachteile. Zunächst liefern die meisten Harne nur ein recht spärliches Sediment (viele besonders leichte Formbestandteile setzen sich

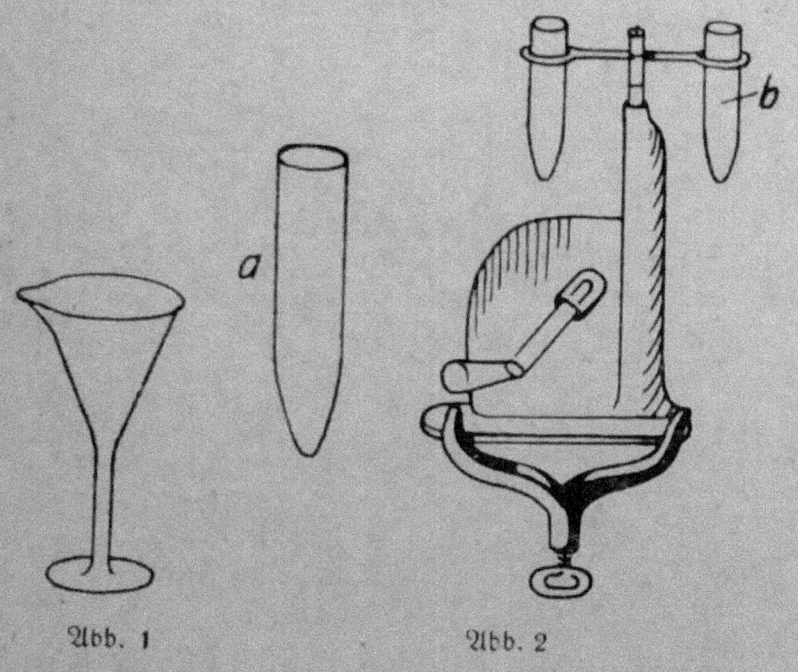

Abb. 1                    Abb. 2

überhaupt nicht zu Boden), sodann muß man etwa einen Tag warten, bevor man überhaupt zur Untersuchung schreiten kann und drittens zersetzt sich — vor allem zur warmen Jahreszeit — der Harn ziemlich rasch, was zu einer Formveränderung bzw. chemischen Umwandlung der festen Harnbestandteile führt. Aus diesem Grunde wendet der Arzt, der aus dem mikroskopischen Sedimentbefunde die Krankheit erkennen will, die die genannten Nachteile vermeidende „Ausschleudermethode" an, welche in kürzester Zeit (3—5 Minuten) untersuchungsfähiges Sediment gewinnen läßt. Das Ausschleudern geschieht mittels einer sog. Harnzentrifuge (Abb. 2). Die der Harnzentrifuge beigegebenen beiden Gläschen (Abb. 2a) werden beide **gleichhoch** mit Harn gefüllt und sodann in die mit Wasser angefüllten Taschen (Abb. 2b) eingesetzt. Nach 3 bis 5 Minuten langem Zentrifugieren wird die über dem Sediment stehende Flüssigkeit abgegossen (Gläschen rasch umkehren und 1 Sekunde in dieser Lage halten!). Von dem Sediment entnimmt man mit der Pipette einen Tropfen zur Untersuchung und verfährt dabei wie oben angegeben. — Objektträger und Deckgläschen müssen peinlich sauber (fettfrei!) sein, weshalb man sie nach gründlicher Reinigung mit warmem Seifenwasser und nachfolgendem Abtrocknen mit nichtfaserndem Leinenläppchen bis zum Gebrauch in Alkoholäther (Alkohol und Äther zu gleichen Teilen — anstatt des teueren Alkohols läßt sich Brennspiritus verwenden) legt.

Bei der mikroskopischen Untersuchung wird man zuweilen im Zweifel sein können, ob man es mit dem einen oder dem anderen

Formelement zu tun hat. Z. B. kann eine besondere Form von Harnsäurekristallen (bildet oft 4- bis 6seitige Tafeln) mit Zystinkristallen verwechselt werden und umgekehrt. Um die Kristalle in solchen Fällen zu identifizieren, kommt die **"mikrochemische Reaktion"** zur Anwendung. Diese wird in der Weise ausgeführt, daß mit einem kleinen Glasstäbchen (Augentropfenstäbchen) vorsichtig ein Tropfen des erforderlichen Reagens (z. B. Salzsäure, Jodtinktur usw.) an den rechten Rand des Deckgläschens gegeben und an dessen gegenüberliegenden Rand ein Streifchen Fließpapier zum Wiederabsaugen des überflüssigen Reagens gehalten wird.

Die zunächst noch ungefärbten Präparate betrachte man mit **kleiner** Blende. Der besseren Übersicht halber wähle man vorerst eine schwache Vergrößerung (etwa 60 bis 80fach), dann erst betrachte man das Präparat unter stärkerer Vergrößerung (sofern man über solche verfügt).

## Spezieller Teil.

### A. Nichtorganisierte Formelemente.

Es sind dies die aus dem Harn ausgefallenen **Salze**, welche entweder in Kristallform oder als amorphe (gestaltlose) Körnchen erscheinen.

## 1. Urate.

Sie finden sich in **sauer** reagierenden Harnen (Reaktion mittels Lackmuspapier prüfen!). Unter dem Mikroskop erscheinen sie

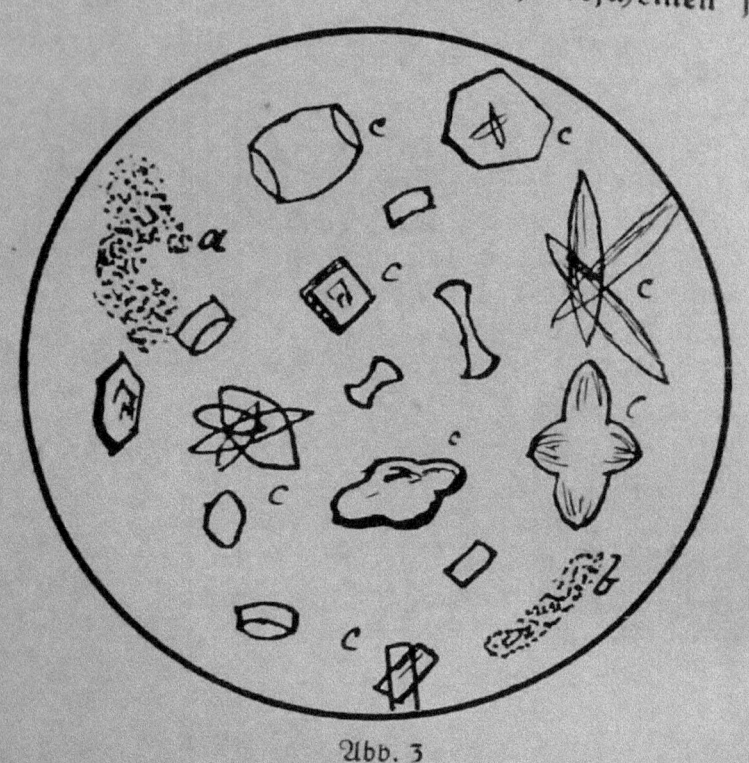

Abb. 3

als kleine farblose oder schwach gelblich bis gelbbräunlich gefärbte und in mehr oder weniger dichten Mengen beisammenliegende Körnchen (Abb. 3a). Mitunter bilden sie zylindrische Ansammlungen, die sog. „Uratzylinder" (Abb. 3b), oft liegen sie auch echten Harnzylindern (d. s. organisierte Harnbestandteile) auf. —

Zu den Uraten (sauren harnsäuren Salzen) gehört auch das Ammoniumurat. Es

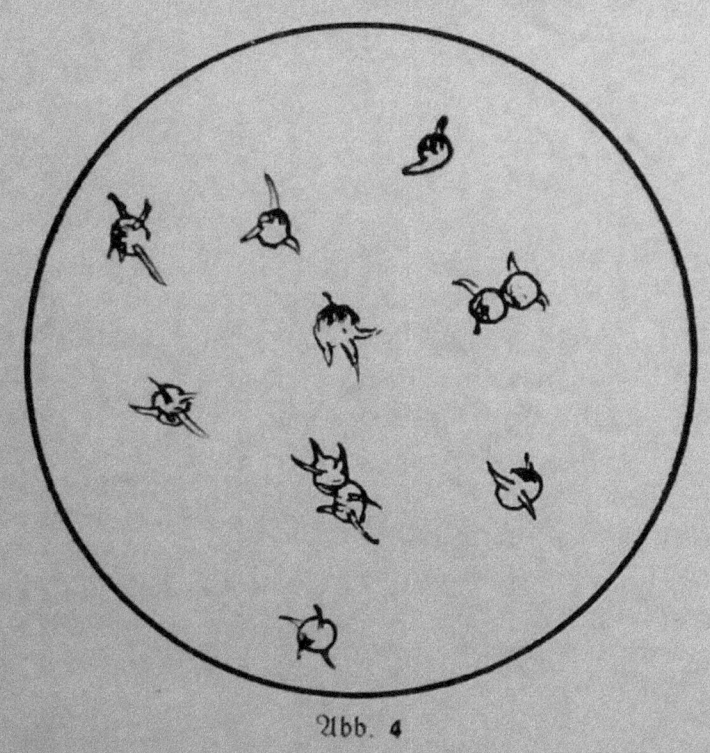

Abb. 4

nimmt unter diesen insofern eine Ausnahmestellung ein, als es erstens im **alkalischen** Harn (solcher färbt rotes Lackmuspapier blau) auftritt und zweitens nicht als Anhäufung, sondern als vereinzelt liegende Körnchen von Stechapfelform oder als paarweise aneinanderliegende Kugeln zu finden ist (Abb. 4).

**Sämtliche Urate lösen sich in der Wärme auf** (im Gegensatz zu den ihnen im Aussehen ähnlichen Phosphaten, s. dort!), beim Erkalten scheiden sie wieder aus. Man erwärme im Zweifelsfalle also das noch frische und feuchte Präparat vorsichtig über kleiner Flamme und bringe es **sofort** wieder unter das Mikroskop. Was jetzt etwa noch zu sehen ist, sind keine Urate, diese sind verschwunden, werden nach kurzer Zeit (infolge Abkühlung) aber wieder sichtbar. — **Sämtliche Urate lösen sich auf Zusatz von Essig- oder Salzsäure** (Tropfen unter das Deckglas bringen) und scheiden nach ungefähr 10 Minuten als Harnsäure wieder aus. Insbesondere kann man bei Anwendung von konzentrierter Salzsäure die Bildung von Harnsäure gut beobachten (Beschädigung des Mikroskopes vermeiden, darum vorsichtig nur 1 bis 2 **kleine** Tropfen unter das Deckglas bringen!). —

Man findet im Sedimenttropfen natürlich nicht nur Urate, sondern auch andere Formbestandteile oder solche ohne Urate, je nach der Art des Sediments bzw. den Vorgängen im Organismus. Die Urate sind — mit Ausnahme des Ammoniumurats — übrigens diagnostisch bedeutungslos. Dem Ammoniumurat kommt eine Bedeutung aber auch nur dann zu, wenn es bereits im **frisch** ent=

leerten Harn nachgewiesen werden kann (Blasenkatarrh, s. Abb. 2). Bei länger gestandenen Harnen kann es sich nämlich durch alkalische Harngärung erst später gebildet haben und ist dann für den Arzt natürlich belanglos.

## 2. Harnsäure.

Sie findet sich fast nur in **stark sauer** reagierenden Harnen. Zu Beginn der alkalischen Gärung (also nach längerem Stehen des Harns) läßt sie sich auch in bereits alkalischem Harn finden, wenn eben noch nicht sämtliche Harnsäurekristalle darin aufgelöst worden sind. Die Harnsäure bildet schwachgelb bis tiefgelb gefärbte Kristalle von mannigfacher Gestalt und verschiedener Größe (Abb. 3). **Sie löst sich weder beim Erwärmen noch auf Säurezusatz, wohl aber nach Zusatz von Natron- oder Kalilange.** Waren die Kristalle verschwunden, nachdem man das Reagens in bekannter Weise unter das Deckgläschen brachte, so kehren sie, wenn man einen Tropfen Salzsäure nachfolgen läßt, in Tafel- oder Wetzsteinform wieder. —

Im allgemeinen ist das Auftreten von Harnsäure im Harn als belanglos zu bewerten (entgegen weitverbreiteter irriger Meinung), wenn u. U. auch bei manchen Erkrankungen gewisse Kristall**formen** vorzugsweise auftreten.

## 3. Kalziumoxalat (oxalsaurer Kalk).

Die Kalziumoxalatkristalle finden sich vorwiegend in **sauren** Harnen vor, sind aber auch in alkalisch wie amphoter reagierenden Harnen zu finden (amphoter reagierende

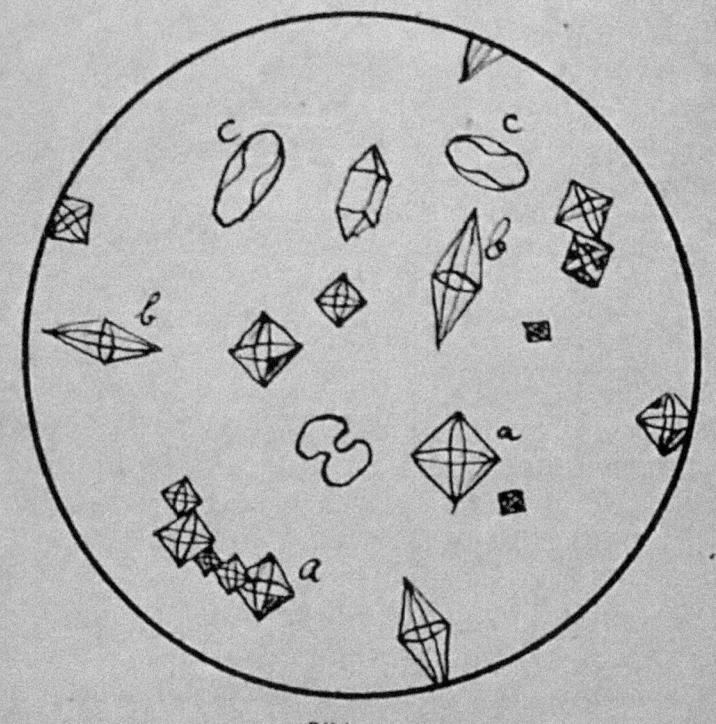

Abb. 5

Flüssigkeiten verändern sowohl blaues als auch rotes Lackmuspapier). — Meist sieht man die Kristalle unter dem Mikroskop als farblose, stark lichtbrechende Oktaeder, sog. „Briefkuvertform" (Abb. 5a). Mitunter begegnet man auch Doppelpyramidenformen (Abb. 5b) und — seltener — Hantel= oder Sanduhrformen (Abb. 5c). Diese letztere Form kommt auch bei der Harnsäure vor. Die mikrochemische Prüfung ermöglicht auch hier eine einwandfreie Unterscheidung. — **Kalziumoxalatkristalle lösen sich auf Zusatz von Salzsäure, jedoch nicht auf Essigsäure= zusatz.** Setzt man dem Präparat nach der Auflösung einen Tropfen Kalilauge oder Ammoniak zu, dann kristallisiert der oxal= saure Kalk wieder aus. Harnsäure wird, wie schon bekannt, durch Salzsäure nicht ge= löst.

Oxalsaurer Kalk oder Kalziumoxalat fin= det sich bei Zuckerkrankheit, Gelbsucht (die Kristalle sind in diesem Falle schön gelb ge= färbt), Nierenbeckensteinbildung (hier reich= liche Mengen großer, scharfkantiger Formen), ferner nach Genuß von Apfelsinen, Wein= trauben usw., so daß man sich leicht Kalzium= oxalat enthaltenden Harn beschaffen kann.

### 4. Phosphate.

a) **amorphe Erdphosphate** (Abb. 6a).

Diese finden sich fast nur in alkalischen Harnen. Unter dem Mikroskop ist eine Ver= wechselung mit Uraten und Eitersediment (Eiter ist organisierter Harnbestandteil) leicht möglich. **Das Phosphatsediment löst sich nicht durch Erwärmen, es verschwindet**

**aber auf Essigsäurezusatz.** Neben den amorphen Erdphosphaten treten in schwach alkalischen, oft auch in sauren Harnen

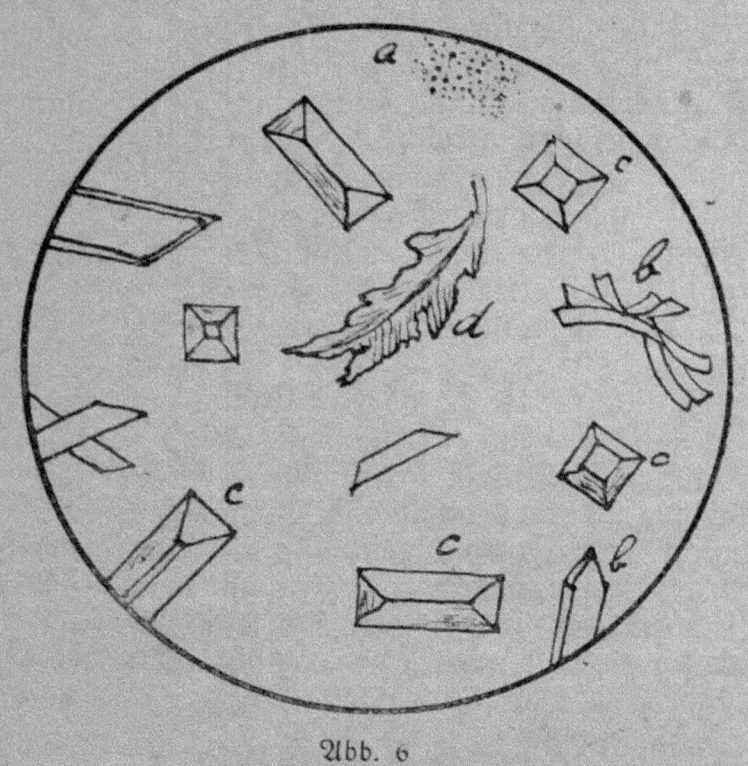

Abb. 6

b) **kristallisierte Phosphate auf** (Abb. 6):

**Neutraler phosphorsaurer Kalk** (Abbildung 6b). Man kann ihn unter dem Mikroskop in zwei Formen sehen, einmal als keilförmige Prismen, sodann als Rosetten. Diese sind aber nichts anderes als übereinandergeschichtete Prismen.

**Phosphorsaure Ammoniakmagnesia, sog. Tripelphosphate.** Auch diese Kristalle (Abb. 6c) finden sich — häufig neben den amorphen Phosphaten — in alkalisch reagierenden Harnen. Fast nie fehlen diese Kristalle in Eiterharnen, doch ist ein Eiterharn nicht Voraussetzung für ihr Auftreten. Besonders häufig findet man Prismenformen mit abgeschrägten Endflächen, sog. Sargdeckelkristalle. Aber auch Stern-, Fächer-, Federkiel- oder Farnkrautformen lassen sich finden (Abb. 6d). — **Auch die kristallisierten Phosphate lösen sich** — im Gegensatz zu ähnlich aussehenden Kristallen anderer nichtorganisierter Harnbestandteile — **auf Essigsäurezusatz.**

5. **Kalziumkarbonat (kohlensaurer Kalk).** Dieser kommt **nur in alkalischem** Harn vor. Er bildet amorphe Körnchen und Kügelchen von verschiedener Größe (Abb. 7). Wie amorphe Phosphate und Urate sind die kohlensauren Kalkkörnchen zu Haufen gelagert. Die mikrochemische Reaktion ermöglicht eine Unterscheidung. **Kalziumkarbonat löst sich in Essigsäure unter Bildung von Kohlensäure auf.** Läßt man also einen Tropfen Essigsäure unter das Deckgläschen fließen, dann erscheint unter dem Mikroskop bald das ganze Gesichtsfeld von kleinen Glasbläschen bedeckt, die Karbonate sind natürlich verschwunden.

Auch den Karbonaten kommt, wie sämtlichen bisher erwähnten nichtorganischen Harnbestandteilen, in diagnostischer Beziehung nur eine untergeordnete Bedeutung zu; sie können sich gelegentlich auch in gesunden

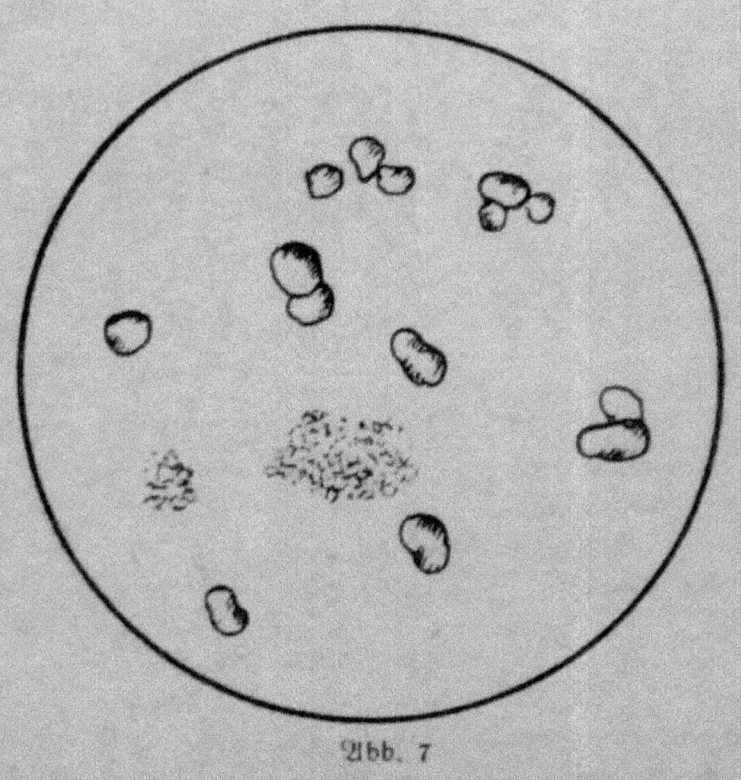

Abb. 7

Harnen vorfinden lassen. Anders liegt die Sache, wenn

**6. Tyrosin und Leuzin**

gefunden werden. Diese kommen **nie** im normalen Harn vor. Gewöhnlich treten sie zusammen auf. Das **Tyrosin** (Abb. 8a) bildet Büschel feiner Nadeln von mehr oder weniger kräftig grünlichgelber Färbung. Da es im Wasser schwerer löslich ist als das

Abb. 8

Leuzin, sieht man es, falls Leuzin in geringerer Menge vorhanden ist, unter dem Mikroskop allein. Das **Leuzin** (Abb. 8b) zeigt sich in Form von Kugeln oder Scheibchen (vielfach konzentrisch gestreift) und von grünlichgelber bis -brauner Farbe. — **Tyrosin** löst sich in verdünnter Salzsäure (1 Teil Säure, 2 Teile Wasser), in Kali- oder Natronlauge und in Ammoniak. In Essigsäure ist es unlöslich. — Leuzin löst sich in den gleichen Reagentien und außerdem in Essigsäure. Verwechselungen mit Fetttröpfchen und Harnsäuretäfelchen wären möglich. Die Fetttröpfchen lösen sich jedoch in Äther auf, Harnsäure ist wiederum in Salzsäure unlöslich.

Leuzin und Tyrosin treten vor allem bei akuter gelber Leberatrophie (entzündlicher Zerfall der Leberzellen), aber auch bei schweren Bluterkrankungen, bei Typhus (Harn Typhuskranker ist als **infektiöses** Untersuchungsmaterial mit größter Vorsicht zu behandeln!) und bei Variola (Blattern) im Harn auf.

### 7. Zystin.

Zystin (Abb. 9) kristallisiert in farblosen sechsseitigen Tafeln. Häufig sind diese geschichtet. Mitunter können sie mit Harnsäuretafeln verwechselt werden, doch sind **Zystinkristalle in Salzsäure und Ammoniak** löslich. Man bringe einen Tropfen Salzsäure oder einen bzw. einige Tropfen Ammoniak unter das Deckglas, welche Reagentien die Kristalle zum Verschwinden bringen, was nicht der Fall ist, wenn es sich um Harnsäuretäfelchen handelt.

Zystin deutet — wie anzunehmen ist —

auf eine spezifische Störung des Zellstoff‑
wechsels hin, welche Anomalie erblich zu sein
scheint, da schon in einigen Fällen beobach‑
tet werden konnte, daß bei mehreren Mit‑

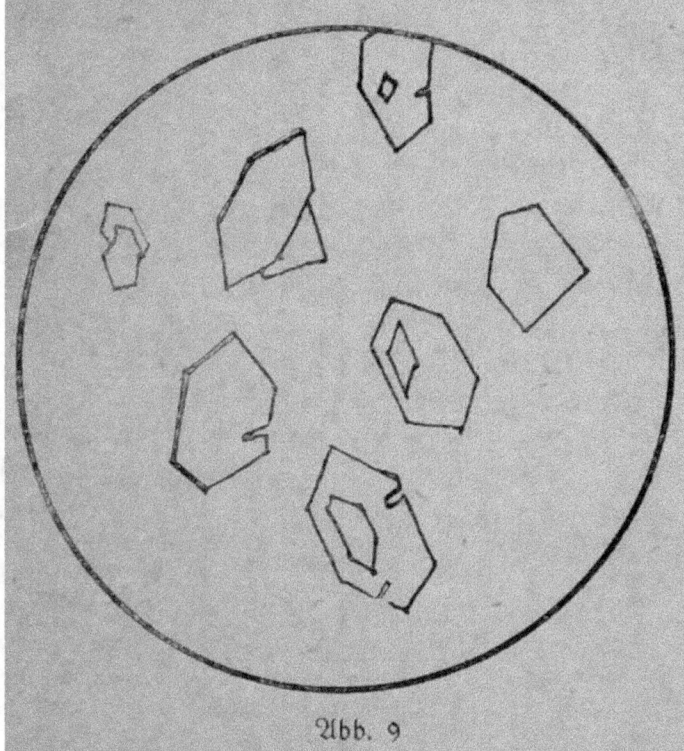

Abb. 9

gliedern einer Familie Zystinurie (Vor‑
kommen von Zystin im Harn) bestand.
Die letzten drei genannten Formelemente
sind seltener anzutreffen.

### B. Organisierte Formelemente.
Im Gegensatz zu den kristallinischen bzw.

amorphen Gebilden stehen die „zelligen" morphotischen Harnsedimentbestandteile. Sie entstammen entweder der Niere (vorwiegend dem Nierenbecken), den Harnableitungswegen oder den Genitalien. — Außer den Bakterien (gesunder Harn ist steril, Bakterien gelangen erst nach dem Entleeren aus der Luft in diese hinein, falls nicht bei gewissen Krankheiten der Harn bereits im Organismus bakterienhaltig war) lassen sich sämtliche morphotische Formelemente bei angepaßter Einblendung bereits mit 80- bis 120facher Vergrößerung gut erkennen. Zur besseren Unterscheidung der sich, oft sehr ähnelnden Gebilde erweist sich deren Färbung — insbesondere für den Anfänger — recht vorteilhaft (nichtorganisierte Gebilde lassen sich nicht färben).

Wir können nun sowohl den Farbstoff dem frischen Präparat zusetzen, als auch ein „Trockenpräparat" herstellen und nach dem Fixieren desselben die Färbung vornehmen. Auf die vielen Färbemethoden, von denen eine jede ihre besonderen Vorteile haben mag, kann hier natürlich nicht eingegangen werden. Für die Färbung des Frischpräparates empfiehlt sich aus verschiedenen Gründen „Quensels Methylenblau-Kadmiumchlorid*. Zu dem auf den Objektträger ge-

---

\* Von Dr. K. Hollborn, Leipzig S 3, Hardenbergstr. 3, zu beziehen (100 ccm RM. 1.50).

brachten Sedimenttropfen gebe man 1 Tropfen dieser Farbstofflösung und vermenge diese mit vorher über einer Flamme erhitzten und wieder erkalteten Nadel mit dem Sediment, sodann lege man den Objektträger auf gut mit Wasser angefeuchtetes Filtrierpapier und decke über das Ganze ein Glas, um ein Verdunsten des Präparats zu verhüten. Nach einigen Stunden lege man ein Deckgläschen auf und untersuche, oder aber man lasse nach vollzogener Färbung das Präparat vollständig (!) eintrocknen und kitte das Deckgläschen mit Kanadabalsam auf, wenn man das Präparat aufbewahren will.

Unter dem Mikroskop sieht man das Zellprotoplasma zart blau, den Zellkern tiefblau gefärbt. Auch die Leukozyten sind von zartblauer Zelleib- und tiefblauer Kornfärbung, während die Erythrozyten die Farbe nur wenig annehmen, man findet diese z. T. ungefärbt, z. T. von leicht gelblichgrüner Farbe. Zylinder und Zylindroide zeigen sich schön blau und Bakterien (nur bei stärkerer Vergrößerung sichtbar) schwarzblau gefärbt.

Wer im Besitz einer Harnzentrifuge ist, kann auch das Sediment im Zentrifugengläschen färben, was recht vorzügliche Präparate ergibt. Nachdem der Harn zentrifugiert und vom Sediment möglichst gut abgegossen worden ist, gibt man zum Sediment im Gläschen durch ein kleines Filter einige ccm der Quenselschen Farblösung. Mit einer vorher über einer Flamme erhitzten und wieder abgekühlten Nadel rührt man Farblösung und Sediment im Gläschen durcheinander, warte etwa 15 Minuten, besser eine oder zwei Stunden und zentrifugiere abermals. Man achte aber darauf, daß sich auch im zweiten Zentrifugengläschen nicht mehr oder weniger Flüssigkeit befindet, da sonst die Zentrifuge leiden würde. — Nach dem abermaligen Zentrifugieren gießt man die überflüssige Farblösung vom Sediment ab und gieße nun einige ccm reines Wasser zu, verrühre das Gemenge und zentrifugiere nochmals. Nach dem Abgießen des Wassers verwende man das gefärbte Sediment für die Untersuchung.

### 1. Epithelien.

Je nach ihrer Herkunft treten sie in verschiedener Gestalt auf (Abb. 10). Man unterscheidet plattenförmige Zellen (entstammen Harnröhre, Vagina oder Blase), runde Zellen (entstammen der männlichen Harnröhre oder der Niere), keulenförmige, ein- oder mehrfach geschwänzte Zellen (entstammen dem Nierenbecken). Erwähnt sei jedoch, daß die Bestimmung der Herkunft der Zellen selbst dem Geübten oft nicht möglich ist, zumal z. B. runde Zellen auch den tieferen Blasenschleimhautschichten, geschwänzte noch den Harnleitern oder auch der Prostata entstammen können usw. —

**Reichliches** Vorkommen von Epithelien deutet auf einen Reizzustand bzw. Entzündungsprozeß des betr. Organs.

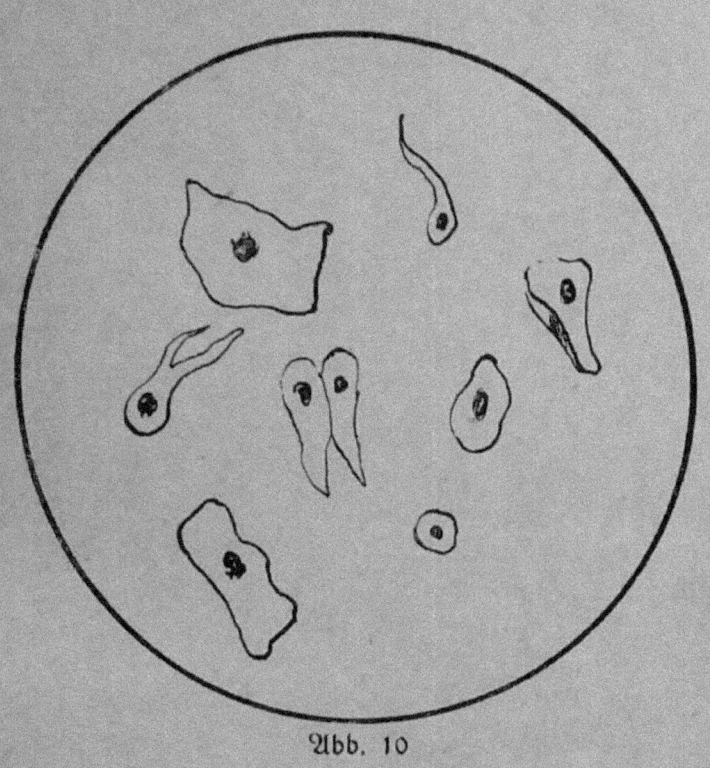

Abb. 10

## 2. Leukozyten.

Unter dem Mikroskop zeigen sie sich — ungefärbt! — als runde, farblose, gekörnte Scheibchen (Abb. 11a). Ein Zellkern ist nicht sichtbar. Läßt man einen Tropfen

Essigsäure unter das Deckgläschen fließen, dann verschwindet die Körnung und der Kern tritt hervor. Leicht lassen sich Leukozyten mit Nierenepithelien verwechseln. Mittels Lugolscher Lösung (Jodjodkalium-

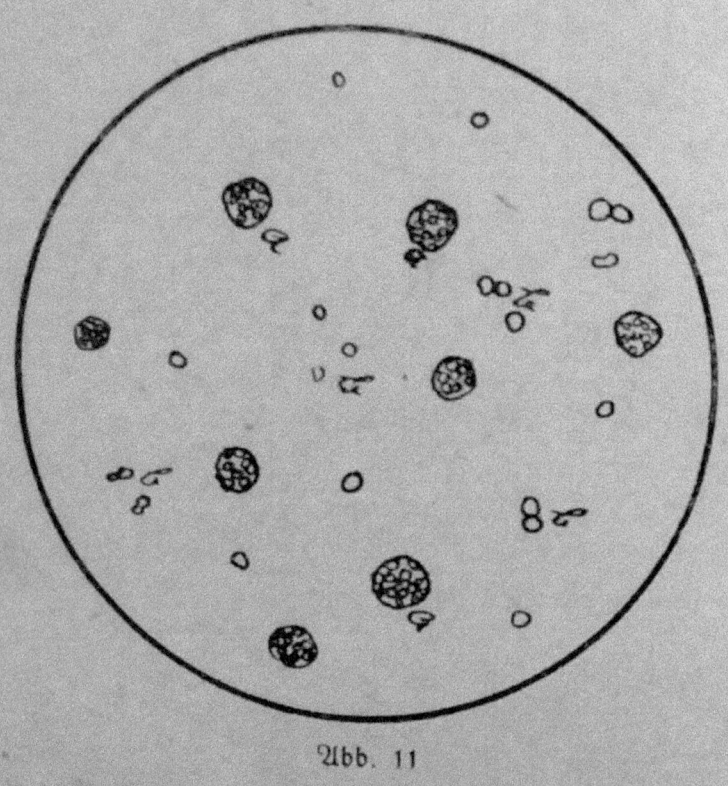

Abb. 11

lösung) ist eine Unterscheidung leicht. Ein Tropfen dieser Lösung (unter das Deckglas gebracht) färbt die Zellen hellgelb, Leukozyten aber dunkelgelb bis mahagonibraun. Gefärbte Präparate lassen mikrochemische

Differenzierungs=(Unterscheidungs=) Methoden im allgemeinen natürlich nicht mehr zu.

In großen Mengen finden sich Leukozyten als Bestandteil des Eiters. Reichliches Vorkommen deutet also auf entzündliche Vorgänge im Harnapparat.

### 3. Erythrozyten.

Man sieht sie unter dem Mikroskop (Abb. 11b) als gelblich gefärbte Scheibchen bzw. als sog. Biskuitformen, je nachdem man sie von oben oder von der Seite zu sehen bekommt. Oft zeigen sie — in stark saurem Harn — die sog. Stechapfelform, oft findet man auch nur farblose Ringe, die sog. Blutschatten (diese stammen meist aus der Niere, vorausgesetzt, daß sie sich in **frischem** Harn fanden; in gestandenem Harn kann man meist nur „Blutschatten" sehen, weil durch Auslaugen die Blutkörperchen zu Blutschatten wurden). Läßt man unter das Deckgläschen einen Tropfen 5%ige Essigsäure fließen, dann werden die Blutkörperchen fast gänzlich aufgelöst; läßt man nicht Säure, sondern destilliertes Wasser zutreten, dann bilden sich die „Stechapfelformen"; physiologische Kochsalzlösung hingegen (0,9%ige Kochsalzlösung) läßt die Form unverändert. —

Gehäuftes Auftreten von roten Blutkörperchen (Erythrozyten) und die Gegenwart reichlicher Plattenepithelien deuten auf Blasenblutung, ist außerdem noch ein starker Leukozytengehalt festzustellen, dann ist ein Blasenkatarrh (Cystitis) wahrscheinlich (Abb. 12).

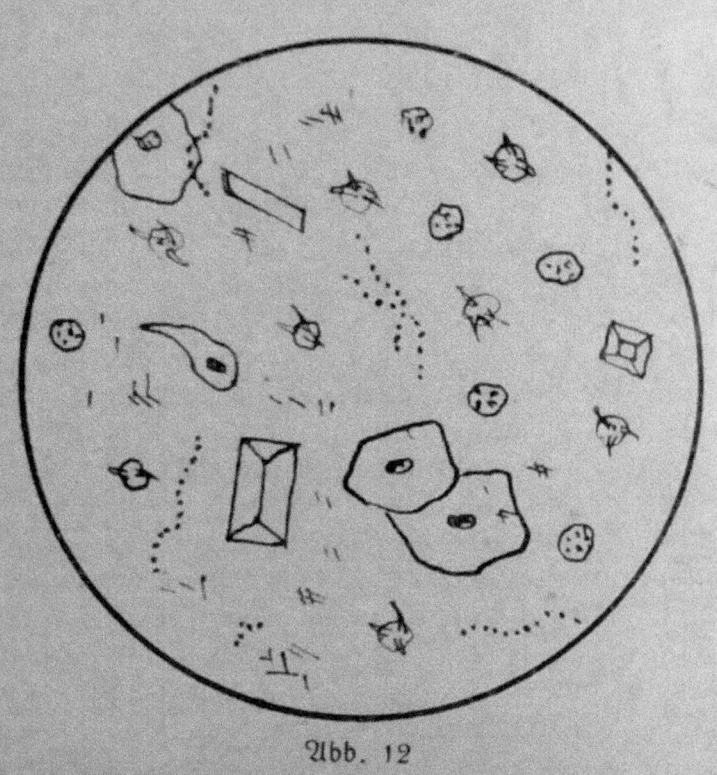

Abb. 12

## 4. Harnzylinder.

Harnzylinder (Abb. 13) sind als Ausgüsse der feinen Harnkanälchen anzusprechen. Man unterscheidet in der Hauptsache a) granulierte, b) Blutkörperchen-, c) hyaline, d)

Epithelien=, e) Wachs= und f) Fettzylinder. Die Entstehung dieser Gebilde ist noch nicht genügend geklärt. Ihr Vorkommen deutet im allgemeinen auf krankhafte Vorgänge in den Nieren, doch können sie nach größeren

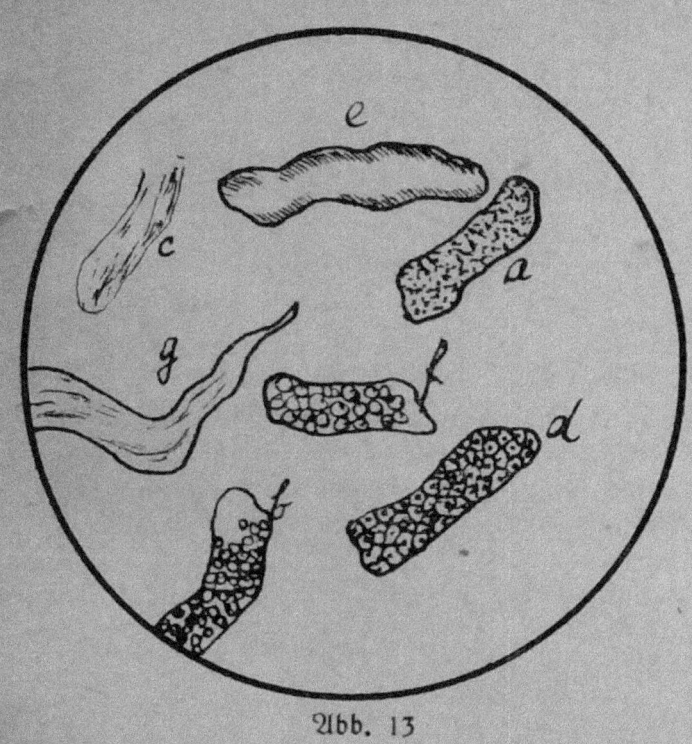

Abb. 13

körperlichen Anstrengungen vorübergehend auch im Harn des Gesunden auftreten. Sämtliche Zylinder dürften wahrscheinlich — Wachszylinder ausgenommen — sog. hyaline Zylinder sein, nur daß diesen in dem einen Falle Blutkörperchen, in dem anderen Epi=

thelien, im dritten Fettkügelchen usw. aufgelagert sind, dementsprechend sie als Blutkörperchen-, Epithel-, Fett- usw. Zylinder bezeichnet werden. — Der hyaline Zylinder ohne Auflagerung stellt ein glashelles, ziemlich durchsichtiges Gebilde dar. Im ungefärbten Präparat kann er leicht unbeachtet bleiben. Läßt man einen Tropfen Lugolscher Lösung unter das Deckglas fließen, dann färbt sich der hyaline Zylinder gelblich bis graubläulich. — Die Auflagerungen sind ihrer Natur nach leicht zu erkennen, falls es sich nicht um granulierte Zylinder handelt. Oft kann die Auflagerung nämlich aus amorphen Uraten bestehen. In diesem Falle hat man es **nicht** mit **echten** granulierten Zylindern zu tun. Vermutet man diese Auflagerung, dann würde ein Tropfen Essig- oder Salzsäure unter das Deckglas gebracht, sogleich Klarheit bringen. Die Säure würde Urate bekanntlich auflösen. — Wachszylinder sind von gelblicher Färbung. Mit einem Tropfen Lugolscher Lösung färben sie sich mahagonibraun, läßt man noch einen Tropfen Schwefelsäure nachfließen, dann macht die mahagonibraune Färbung einer schmutzig-violetten Platz.

Das Vorkommen von Wachszylindern zeigt immer ein schweres Nierenleiden an, aber auch bei schwerem Ikterus (Gelbsucht) finden sich neben anderen Zylindern Wachszylinder, was erklärlich ist, da hierbei die

Nieren in Mitleidenschaft gezogen sind. Erwähnt sei noch, daß bei Gelbsucht sämtliche festere Harnbestandteile durch den Gallenfarbstoff intensiv gelb gefärbt sind.

## 5. Zylindroide.

Diese oft sehr feinen Gebilde (Abb. 13g) entgehen ungefärbt ebenfalls leicht der Beobachtung, häufig werden sie auch mit hyalinen Zylindern verwechselt. Die Unterscheidung ist aber leicht möglich, wenn man einen Tropfen Essigsäure unter das Deckglas fließen läßt. Handelt es sich um Zylindroide, dann werden nach Säurezusatz die Konturen schärfer und deutlicher, während hyaline Zylinder hierdurch aufquellen, undeutlich werden und sich schließlich ganz auflösen. —

Zum Schlusse sei der Leser noch mit der **Methode zur Identifizierung einer Flüssigkeit als Harn** bekannt. Es ist schon vorgekommen, daß dem Arzt versehentlich oder absichtlich etwas anderes als Harn zur Untersuchung übergeben wurde. Finden sich in der Flüssigkeit Harnstoff und Harnsäure, dann kann die fragliche Flüssigkeit mit Sicherheit als Harn angesprochen werden.

1. Harnstoffnachweis: Von der Flüssigkeit bringen wir einige Tropfen auf den Objektträger und setzen noch einen Tropfen reiner konzentrierter Salpetersäure zu, ver-

mengen diese mit einem feinen Glasstäbchen und erwärmen mit kleiner Flamme vorsichtig (nicht bis zur völligen Verdunstung). Nach dem Erkalten scheiden sich, sofern Harn vorlag, schöne Kriställchen von salpetersaurem Harnstoff aus, welche wir bei guter Abblendung und schwacher Vergrößerung betrachten.

2. Harnsäurenachweis. Zu etwa 100 bis 150 ccm frischem (am besten Morgen-) Harn geben wir 20 bis 25 ccm Salzsäure und lassen den angesäuerten Harn einen Tag stehen. Wir finden dann die Harnsäure in Gestalt gelber bis gelbbrauner Kriställchen abgeschieden. Die gesammelten Kriställchen waschen wir auf einem kleinen Filter mit **kaltem** Wasser aus und untersuchen ein mit einer Drahtöse entnommenes Partikelchen des Filterrückstandes unter dem Mikroskop. War die Flüssigkeit nicht Harn, dann lassen sich natürlich keine Harnsäurekristalle nachweisen.

## Mikrochemische Reaktionen (Übersichtstafel):

| Nichtorganisierte Elemente | in Essigsäure | in Salzsäure | in Natron- o. Kalilauge | in Ammoniak | in Alkohol | in Äther | bei Erwärmen |
|---|---|---|---|---|---|---|---|
| Urate: | löslich | löslich | löslich | — | — | — | löslich |
| Harnsäure: | unlöslich | unlöslich | löslich | unlöslich | — | — | unlöslich |
| Phosphate: | löslich | löslich | — | — | — | — | unlöslich ** |
| Kalziumoxalat: | unlöslich | löslich | — | — | — | — | unlöslich |
| Kalziumsulfat: | unlöslich | fast unlösl. | — | unlöslich | — | — | unlöslich |
| Kalziumkarbonat: | löslich * | löslich * | — | — | — | — | unlöslich |
| Zystin: | unlöslich | löslich | — | löslich | — | — | — |
| Leuzin: | löslich | — | löslich | löslich | — | — | — |
| Tyrosin: | unlöslich | löslich | löslich | löslich | unlöslich | unlöslich | — |

\* Unter Entwicklung von $CO_2$ ($CO_2$ = chem. Formel für Kohlensäure (Kohlendioxyd)).
\*\* Scheiden bei Erhitzen stärker aus.

www.ingramcontent.com/pod-product-compliance
Lightning Source LLC
Chambersburg PA
CBHW071957210526
45479CB00003B/978